国家出版基金项目
NATIONAL PUBLICATION FOUNDATION

记住乡愁
——留给孩子们的中国民俗文化

刘魁立◎主编

严　桦◎编著

第八辑　传统营造辑

挖个窑洞不简单

本辑主编　刘　托

黑龙江少年儿童出版社

编委会

序

亲爱的小读者们，身为中国人，你们了解中华民族的民俗文化吗？如果有所了解的话，你们又了解多少呢？

或许，你们认为熟知那些过去的事情是大人们的事，我们小孩儿不容易弄懂，也没必要弄懂那些事情。

其实，传统民俗文化的内涵极为丰富，它既不神秘也不深奥，与每个人的关系十分密切，它随时随地围绕在我们身边，贯穿于整个人生的每一天。

中华民族有很多传统节日，每逢节日都有一些传统民俗文化活动，比如端午节吃粽子，听大人们讲屈原为国为民愤投汨罗江的故事；八月中秋望着圆圆的明月，遐想嫦娥奔月、吴刚伐桂的传说，等等。

我国是一个统一的多民族国家，有 56 个民族，每个民族都有丰富多彩的文化和风俗习惯，这些不同民族的民俗文化共同构筑了中国民俗文化。或许你们听说过藏族长篇史诗《格萨尔王传》

中格萨尔王的英雄气概、蒙古族智慧的化身——巴拉根仓的机智与诙谐、维吾尔族世界闻名的智者——阿凡提的睿智与幽默、壮族歌仙刘三姐的聪慧机敏与歌如泉涌……如果这些你们都有所了解，那就说明你们已经走进了中华民族传统民俗文化的王国。

你们也许看过京剧、木偶戏、皮影戏，看过踩高跷、耍龙灯，欣赏过威风锣鼓，这些都是我们中华民族为世界贡献的艺术珍品。你们或许也欣赏过中国古琴演奏，那是中华文化中的瑰宝。1977年9月5日美国发射的"旅行者1号"探测器上所载的向外太空传达人类声音的金光盘上面，就录制了我国古琴大师管平湖演奏的中国古琴名曲——《流水》。

北京天安门东西两侧设有太庙和社稷坛，那是旧时皇帝举行仪式祭祀祖先和祭祀谷神及土地的地方。另外，在北京城的南北东西四个方位建有天坛、地坛、日坛和月坛，这些地方曾经是皇帝率领百官祭拜天、地、日、月的神圣场所。这些仪式活动说明，我们中国人自古就认为自己是自然的组成部分，因而崇信自然、融入自然，与自然和谐相处。

如今民间仍保存的奉祀关公和妈祖的习俗，则体现了中国人崇尚仁义礼智信、进行自我道德教育的意愿，表达了祈望平安顺达和扶危救困的诉求。

小读者们，你们养过蚕宝宝吗？原产于中国的蚕，真称得上伟大的小生物。蚕宝宝的一生从芝麻粒儿大小的蚕卵算起，中间经历蚁蚕、蚕宝宝、结茧吐丝等过程，到破茧成蛾结束，总共四十余天，却能为我们贡献约一千米长的蚕丝。我国历史悠久的养蚕、丝绸织绣技术自西汉"丝绸之路"诞生那天起就成为东方文明的传播者和象征，为促进人类文明的发展做出了不可磨灭的贡献！

小读者们，你们到过烧造瓷器的窑口，见过工匠师傅们拉坯、上釉、烧窑吗？中国是瓷器的故乡，我们的陶瓷技艺同样为人类文明的发展做出了巨大贡献！中国的英文国名"China"，就是由英文"china"（瓷器）一词转义而来的。

中国的历法、二十四节气、珠算、中医知识体系，都是中华民族传统文化宝库中的珍品。

让我们深感骄傲的中国传统民俗文化博大精深、丰富多彩，课本中的内容是难以囊括的。每向这个领域多迈进一步，你们对历史的认知、对人生的感悟、对生活的热爱与奋斗就会更进一分。

作为中国人，无论你身在何处，那与生俱来的充满民族文化DNA的血液将伴随你的一生，乡音难改，乡情难忘，乡愁恒久。这是你的根，这是你的魂，这种民族文化的传统体现在你身上，是你身份的标识，也是我们作为中国人彼此认同的依据，它作为一种凝聚的力量，把我们整个中华民族大家庭紧紧地联系在一起。

《记住乡愁——留给孩子们的中国民俗文化》丛书，为小读者们全面介绍了传统民俗文化的丰富内容：包括民间史诗传说故事、传统民间节日、民间信仰、礼仪习俗、民间游戏、中国古代建筑技艺、民间手工艺……

各辑的主编、各册的作者，都是相关领域的专家。他们以适合儿童的文笔，选配大量图片，简约精当地介绍每一个专题，希望小读者们读来兴趣盎然、收获颇丰。

在你们阅读的过程中，也许你们的长辈会向你们说起他们曾经的往事，讲讲他们的"乡愁"。那时，你们也许会觉得生活充满了意趣。希望这套丛书能使你们更加珍爱中国的传统民俗文化，让你们为生为中国人而自豪，长大后为中华民族的伟大复兴做出自己的贡献！

亲爱的小读者们，祝你们健康快乐！

二〇一七年十二月

目　录

窑洞的居住习俗与文化……59

挖个窑洞不简单……45

丰富多样的窑洞类型……25

黄土塬上的生态家园……17

应对自然的挑战……1

应对自然的挑战

| 应对自然的挑战 |

窑洞民居文化是我国的优秀传统文化，窑洞建筑是人类建筑史上的丰硕成果和重要财富，这一珍贵遗产我们要继承和发扬。

北方的窑洞冬暖夏凉，适宜居住，但人们不是一开始就会挖窑洞的。

在远古时期，人类以打猎和采集野果为生，他们居住在山洞里或者枝叶繁茂的大树上，这两种居住方式分别被称为洞居和树居。随着狩猎文明向农耕文明的转

| 北京周口店山顶洞人遗址 |

变，人类逐渐离开自然界天然形成的岩洞，在靠近自己耕田种地的地方建造住所。

在北方，最普遍的方式就是从地面向下挖洞，成为穴坑，上面用树枝搭建成窝棚，人们以此作为栖身的地方，这种居住方式被称为穴居。在南方，由于气候炎热，地面潮湿，又有野兽和蚊虫侵扰，远古人类最初是模仿猿人住在树上，后来为了使栖身之所更牢固、更舒适，

原古人类就像鸟雀筑巢一样在树杈上搭建平台，构筑棚架，用树叶遮盖棚顶，作为遮风避雨的家，这种居住方式被称为巢居。穴居和巢居这两种居住方式，是远古时期我国北方和南方普遍流行的居住方式。

后来，经过漫长的发展和孕育过程，最终形成我国古代原始建筑的雏形，即穴居建筑与干栏建筑，巢穴二字也定格在中国文化中，成

|浙江余姚河姆渡遗址|

为中国人藏身之所的代名词。

在距今约 7000 年到 4000 年的古文化遗址中，原始穴居的遗址遍及西北地区和中原大地，大多是穴居和半穴居类型。

原始穴居建筑在产生和发展过程中，呈现出一个渐次的进程。最先是模仿远古人类的洞居和崖居方式，例如在黄土断崖面上横向掏挖洞穴，称为横穴，这是典型的原始窑洞。

横穴建筑的产生，采用的不是增筑方式而是减筑方式，形象地说是用减法而非加法，具体地说是对黄土土层进行挖掘和削减，而形成掏空的居住空间。这种横穴是一种只重视创建空间而不重视造型的居所，除了洞口之外，没有更多的外观和形

| 仰韶文化博物馆 |

状。横穴的结构形式为生土拱，就是利用自然土壤自身的承载力形成拱券结构，无须任何额外的建筑材料，只要在洞口上方留有足够的拱背厚度，就比较牢固安全，完全可以满足遮阴、避雨、防风及御寒等基本要求。

原始横穴遗址在中国西北一带经常能够见到，如甘肃宁县的古窑洞遗址，属于距今 5000 余年的仰韶文化晚期类型，这种文化类型最早在河南三门峡市渑池县仰韶村发现，所以取名叫仰韶

文化。

横穴洞室截面一般呈圆形，直径4.6米左右，上面近似穹隆顶。宁夏回族自治区海原县菜园村的林子梁遗址，距今约4000年，截面近似椭圆形，直径约有5米，上面也是穹隆顶。陕西武功县赵家村的窑洞更有特点，在窑洞前有用夯土墙围合成的院落，还有圈养牲畜的小屋，窑洞洞口用夯土墙和草泥进行封护。此外，在内蒙古自治区凉城县，以及山西石楼县岔沟村、襄汾县陶寺村等地也发现了大量的横穴建筑遗迹。

由于横穴的结构方式简单易行，又经济实惠，因而从它诞生开始，就一直延续下来。虽然穴居的主流方式逐渐向竖状穴、半地穴方向

横穴式窑洞

甘肃庆阳地貌

发展，但横穴这种原始类型的窑洞并没有消失，而是在我国各个地区继续被采用，并且不断得到改进和完善。

挖掘横穴的基本条件是具有断崖形状的地貌，但很多地方缺少这种地貌条件。于是人们开始尝试着在陡坡上掏挖横穴，这和挖横穴比较接近，但由于洞口上面的土拱过薄，洞口很容易塌落。

人们不得不又尝试新的办法。他们先是在坡地上铲出一个垂直的壁面，然后再从壁面向里掏挖水平方向的洞。这种洞穴，也常因土拱厚度不够而发生坍塌，为此人们常用木柱支撑洞口，或在比较容易坍塌的横穴入口处补建一个顶盖。这样做的结果，启发了人们探索挖掘横穴的新工艺，即先在坡地上开挖一个小口，垂直向下挖，并逐步扩大内部空间，到达一定的深度，再于穴坑的坑底处横向掏出一条走道，通到穴坑的外面，然后再在穴坑内立起支柱，搭架树枝，覆盖茅草构成屋顶，这样就出现了一种袋状的竖穴建筑。

这种建造在平地上的袋状竖穴，一般由穴底向斜上方掏挖出一条供人出入的走道，不太深的袋穴也可以省掉这条走道，由顶部的坑口进出，这样便形成了纯粹的袋形竖穴。原始的横穴有个最大的缺点，就是完全依赖于黄土地貌的自然条件，缺

少广泛的适用性，也不容易满足早期氏族社会大家集中居住的需要。相比之下，袋形竖穴可以弥补这个不足，因为它可以在平缓的坡地，或者平地上挖掘，扩大了选址的自由度，因而迅速得到推广和广泛应用。

袋穴的形状是底大口小，其纵剖面接近拱形，空

半坡 F37 遗址复原图　　　　半坡 F21 遗址复原图

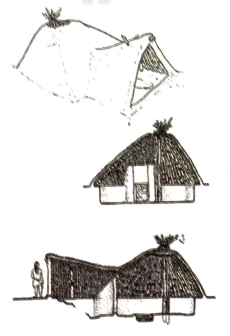

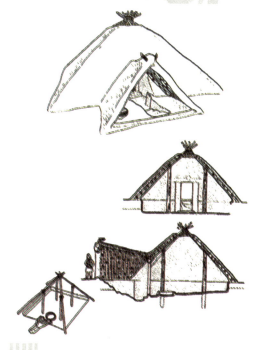

间形式比较单一，但很实用。起初人们只是用树木枝干和草本茎叶临时性地遮掩洞口，但遇有暴风骤雨，洞穴常常被毁于一旦。为加强袋状穴的整体性和牢固性，人们用绑扎方法制造出形状类似斗笠的活动顶盖，平时放置在穴口旁边，夜晚或有雨雪的时候，掩盖在穴口上，并加以固定。这种活动的顶盖要随着昼夜、晴雨、出入而移动，还是很不方便，后来经过进一步改进和完善，最终形成了搭建在穴口上的固定顶盖。

穴居建筑方式发展到这个阶段，开始初步具备了固定的外观，即在地面上可以看到一个小小的窝棚。随着棚架制作技术的熟练和提高，顶盖制作得更大、更稳

陕西窑洞

定，竖穴深度开始逐渐变浅，这当然更有利于防潮和通风，而且方便人们出入，如此发展的结果是出现了更便于居住和出入的半穴居建筑。

半穴居建筑的特征是，建筑的下半部是挖掘出来的土坑，上半部则是构筑起来的屋顶，这种建筑既有减法又有加法，两者共同构成了穴居的内部空间。建筑随之从地下变为半地下，并开始向地上过渡，以屋顶为主要

造型的建筑形象也开始展示出来。

此后，穴居再进一步向地面发展，就出现了完全建造在地面上的建筑了。地面上的建筑完全用加法建造，与地下穴居和半地下穴居相比，它要有坚固的墙体和更完善的屋顶。这就需要解决和改进许多建筑结构和构造

| 半坡 F25 遗址复原图 |

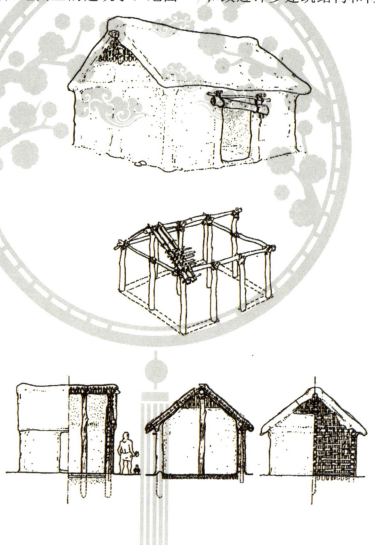

上的问题。考古发掘的实例证明，中国的先民在当时的条件下很好地解决了这些问题。例如采用绑扎方式将柱梁结合在一起，采用坡屋顶形式支撑屋面结构，采用木骨泥墙作为围护结构，采用夯土地面进行防潮，在室外应用有坡度的泛水解决排水问题等等。这些都为日后中国传统建筑的发展，提供了宝贵的经验，并奠定了坚实的基础。

中国的窑洞一方面是向着地面上的木结构建筑的方向演化，另一方面则是沿着传统的方式继续传承，例如甘肃庆阳地区的窑洞。窑洞最为密集的庆阳市西峰区位于黄河中游的黄土高原上。这里海拔 1300 至 1400 米，年降雨量 500 至 600 毫米，干旱少雨，是世界上黄土层最厚的地方，号称天下第一

山西李家湾窑洞

大塬。

远在夏商时期，周人先祖就生活在甘肃庆阳地区，他们挖建的土窑洞遍布山塬谷地，密密麻麻，一个个窑洞村庄鳞次栉比。

到了唐宋时期，窑洞种类增加了很多，窑洞的功能也有了不同的区分。根据一个家庭的使用需求，分为客屋窑、灶房窑、畜圈窑、放

柴窑等。修窑洞一定要选择避风向阳地方，所谓避湿就干，避阴就阳说的也是这个道理。长期的探索使窑洞居室的舒适性有了很大改善。

在北宋和南宋时期，数百户、数千口的窑洞村落大量出现。当时修建的下沉式窑洞的形状和施工过程，与现在我们所看到的地坑院窑洞没有什么区别。

陕北窑洞

明清时期，窑洞在安全、舒适、经济的基础上继续发展，在黄土高原上出现了城堡一样的建筑群。人们用高大的围墙将一群窑洞和地坑院围起来，外面有城门，里面有炮楼，还有通向外面的地道，能够有效防御土匪的进攻和侵扰，老百姓把这种建筑称为堡子。

到了民国时期，出现了窑洞城镇，一座城中包含数千孔窑洞，成为典型的窑洞城市。当年甘肃庆阳的西峰区所在的范围内窑洞星罗棋布，多达数千孔，其中下沉式地坑院窑洞占60%以上。

中华人民共和国成立的时候，西峰区还保存有近2000孔窑洞，占全区居民住宅的70%左右。随着社会经济的不断发展，人们的居住条件有了很大改善，许多人开始走出窑洞，修建砖瓦房。但是在全区还有一部分农民因为习惯或对传统生活的留

13

恋，仍然住在窑洞里。

近年来，一些窑洞开始被居民和使用单位废弃。到了 20 世纪 90 年代，一些原先在窑洞办学的中小学校全部搬进了新建的楼房里，富裕起来的农民也逐渐离开了祖祖辈辈居住的窑洞，搬进了新瓦房、新楼房。

保留下来的窑洞在不断地更新和修缮，窑洞的面貌也在发生着变化：一是窑面窗户增加，并且装上了玻璃，使窑内光线更充足。二是窑口的窑脸或整个崖面使用青砖进行砌衬装饰，使窑洞更加坚固，更加整洁。三是窑内的墙壁用白灰粉刷，地面用青砖或地面砖铺装，防潮防鼠，清洁干爽。四是摆放了新式的高档家具，既实用又美观。

2008 年，甘肃庆阳的窑洞营造技艺被列入我国国家

山西碛口窑洞

｜陕北窑洞的
窑脸｜

｜河南庙上村
地坑院新景｜

山西窑洞民居

级非物质文化遗产名录。窑洞营造技艺是中国农耕文化发展过程中的传统手工技艺之一，是我国北方住宿文明的源头，也是人与自然环境抗争与融合的历史见证。

然而，受现代民居文化的冲击，独具特色的窑洞民居文化已处于濒危状态，窑洞营造技艺也面临着失传的危险。保护和传承这一传统文化和营造技艺已是非常迫切和必要的任务，也是我们全民族共同的义务和责任。

黄土塬上的生态家园

| 黄土塬上的生态家园 |

中国黄河流域的民居为什么普遍是窑洞呢，这与当地的地质、水文、气候等条件都有密切的关系。其中最主要的原因是黄河中上游流域有广阔而丰厚的黄土地层。这种黄土地层土质均匀细密，里面含有石灰质，土壤结构呈现垂直方向的节理特征，形成断面后能够直立而不易塌落，特别适于挖掘洞穴。由于在黄土断层上挖掘洞穴简便易行，因此不仅仅是在黄河流域，在长江、珠江流域，以及西南、东北等地区，只要具备类似的土

| 河南庙上村地坑院 |

|黄土高原|

|黄土层中的料姜石及通气孔|

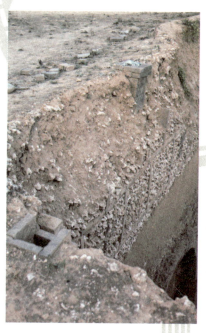

质条件，人们便会在地势高敞的地方，采用挖掘地穴的方式营建住所。

中国西北地区干燥少雨，居住在陕西、甘肃、山西及河南黄土高原地区的一部分居民优先采用了窑洞的居住形式，以适应这里特殊的气候条件，同时也创造了这一地区特有的生态文明。

现存的大部分靠崖式窑洞和地坑院窑洞都拥有几百年的历史，为什么这些窑洞能够历时几百年之久而不坍塌呢？

可以从地质学的角度和黄土生成的年代对此进行分

析。在地质学上人们把黄土分为午城黄土、离石黄土和马兰黄土三种，其中马兰黄土从生成年代上讲，时间最晚，离石黄土形成时间相对早一些。现存的黄土窑洞大多开挖在离石黄土与马兰黄土两种黄土层中。在黄土地层形成的整个期间，气候偏干，雨量不大，空气湿度相对较小，地下水位较深，土壤中的碳酸钠含量保留较多，这就使得土壤抗风化、抗渗水的能力增强，并且形成垂直纹理以及结构均匀致密等优点，使黄土在挖掘过程中和构建之后都不易坍塌，十分利于窑洞的建造。

以甘肃庆阳西峰区的窑洞为例，这里的黄土堆积物

| 层层叠叠的窑洞 |

地下窑洞外貌

距今约有 120 万年。它的底层为午城黄土，中层为离石黄土，上层为马兰黄土，黄土层厚度为 50 至 100 米，最厚处可达 200 米。因黄土层深厚，土质密实，特别适

山西吕梁李家山窑洞

于挖洞建窑。

黄土高原面积广阔，几乎遍及中国北方，为什么主要在河南三门峡，山西吕梁、平陆，陕西延安、榆林，甘肃庆阳一带出现大面积的窑洞呢？

除了特殊的地质条件外，还和气象、水文、自然资源等因素有很大关系。这些地区大多海拔高，风沙大，如在山西平陆有个风口村，一年到头，风刮个不停。老

百姓这样形容这里的风大风多："一年一场风，从春刮到冬。"再加上当地缺少石材、木材这些基本建筑材料，交通也不方便，在这种恶劣的自然条件下，只有就地取材，因地制宜，采用窑洞这种居住方式来应对自然的挑战。特别是采用下沉式地坑院窑洞的地区，当地的地形地貌条件一般都缺少天然的竖向崖壁，难以直接掏挖横

向的水平窑洞。

究其原因，干旱少雨减少了水土的流失，形成深厚而平坦的黄土层，没有地形起伏的沟壑，因而缺少了横

向掏挖的可能。这种厚而平坦的黄土层客观上又恰恰符合了地坑院窑洞的建造条件，于是当地百姓便发明了在平地上挖大坑，然后在坑内四壁挖窑洞的方法，建成了四合院式的窑洞建筑。这种地坑院式窑洞成为人们防御自然灾害的屏障，并且至今仍然被大量使用。

从工程造价及施工的难易程度来看，窑洞的建造投入少、成本低、难度小，这是其他居住形式不能相比的。黄土本身具有保湿、储能、隔热以及调节小气候的功能，在黄土中建造的窑洞因而具有"冬暖夏凉，保湿恒温"的独特优势。这个优点被人类认识后加以利用，至今仍被居住在窑洞中的民众交口称赞。

丰富多样的窑洞类型

| 丰富多样的窑洞类型 |

在黄河流域的黄土高原上，曾有几千万人居住在各种样式的窑洞中。在长期的建造活动中，人们积累了非常丰富的经验。这些窑洞大多利用地势，修筑简便快捷，冬暖夏凉，造价低廉，具有广泛的适用性。

按窑洞挖掘方式和构筑方式的不同，出现了很多不同形式的窑洞。一般将窑洞分为三种类型：靠崖式窑洞、下沉式窑洞、砌筑式窑洞。不同地区叫法也不同，如甘肃地区分别叫作明庄窑洞、地坑院窑洞和箍窑。另外，河南西部窑洞区对下沉式窑洞的叫法也有很多种，如天井院、窑院、窑庄等。在洛阳和三门峡两市辖区内，"地

| 窑洞 |

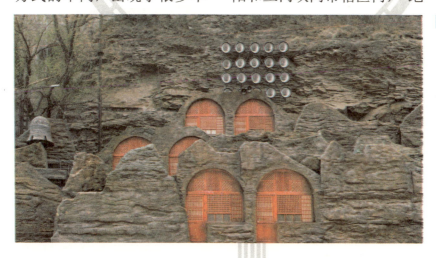

27

坑院"的称谓较为普遍，应该是从古陕州一带沿袭下来的对这类窑洞的称谓方式，十分准确、形象。在山西晋南一代，则称下沉式窑洞为"地窨"。

此外，若按照窑洞使用的材料和建造技术来划分，也可分为土窑洞、砖砌窑洞和石砌窑洞等，其中土窑洞是最有代表性的窑洞民居。

如果按用途细分的话，窑洞还有很多种类型，如为了防盗，在正窑上面打个小窑，名曰高窑。在窑内一侧再打个能藏东西的小窑取名叫拐窑。若窑小，则在窑口盘炕的地方再掘一个小窑，叫作炕窑。为了躲避战乱，在村庄附近另挖一个地下长洞，叫地窨子。窑洞因用途不同，名称也有所不同，如客屋窑、厨窑、羊窑、牛窑、柴草窑、粮窑、井窑、磨窑、车窑等等，可以满足各种日常生活的需要。

靠崖式窑洞

靠崖式窑洞又叫作靠山窑、明庄窑、崖庄窑，一般是在山脚、沟边，利用直立的黄土断崖挖掘的拱形窑洞。做法是先将崖面削齐，然后挖上一个高4米左右的拱形大洞，洞口边垒上矮墙，墙

靠崖窑

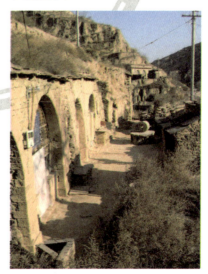

边开门，墙上安窗，有时一门数窗，起到采光和通风的作用。窑内靠窑口矮墙的地方砌筑火炕，再摆上几件家具，就成了最简单的窑洞。这种窑居可根据生活需要和地形条件挖成单孔、双孔或多孔形式，还可在窑前两侧加建地面建筑，围砌院墙，形成别具一格的院落。有一院三孔窑洞和五孔窑洞的，也有五孔窑洞以上的。如甘

肃庆阳温泉乡王家湾农作物原种场有一个大窑洞，原来是学校的会议室，有七间礼

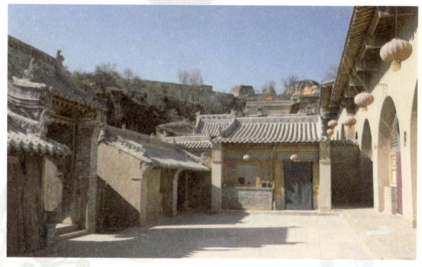

陕北杨家沟窑院民居

堂那么大。挖窑洞如果遇到崖面不够高，那就需要先向下挖几米，然后再挖窑，这样就会形成三面高，一面低的情况，这样的院子被人们称为半明半暗院，或半明半暗庄。

河北井陉窑院的入口

庆阳温泉乡红岭子村村民王治国家保留着一处典型的靠崖窑，是20世纪60年代修的一处明庄院。崖壁上一字排开有5孔窑洞，坐北向南，两侧又各有1孔，围合成一个院子，窑口高3米，宽3米，深9米。院子中的窑洞分别划分为客窑、厨窑、畜圈窑、粮窑、柴窑等。进院的大门通过一个长洞通向塬顶，这种窑院形式在河北、陕西等地也都存在。靠崖窑的建造省工省料，一般农民只要肯出力，都能修得起。窑洞冬暖夏凉，四季舒适，在甘肃当地流传着这样赞美窑洞的顺口溜："远来君子到此庄，莫笑土窑无厦房，虽然不是神仙地，可爱冬暖夏又凉。"

在现在的陕西延安，还保存着大量的土窑洞。在凤凰山麓以及王家坪、杨家岭、枣园等地保存着当年中国共产党在延安建立革命根据地时住过的窑洞建筑。这些窑洞建筑已经被列为全国文物保护单位，也是重要的红色旅游景点。

在杨家岭北边的山坡上

枣园周恩来旧居

排列着很多窑洞，靠中间的有毛泽东住过的窑洞，西南面的一个窑院是朱德住过的，再往西南是周恩来住过的窑洞，是一个有一排三孔窑洞的院子。现在这些窑洞建筑都作为历史建筑和文化遗产被保护起来。

下沉式窑洞

下沉式窑洞又叫作地坑院、平地窑和地窨，这种窑洞都是在塬上修建的。先在平地上挖一个正方形或长方形的大坑，一般深六至十米，将坑内四面削成崖面，然后在四面或三面崖壁上挖窑洞，形成别致的地下四合院格局。在院内的一个角落里修一个长长的坡道或斜洞，直通地面，作为人行通道。这种窑洞实际上相当于今天的地下室，冬暖夏凉的优势更为明显。

地坑院的院子平面大概十米见方，为了防止雨水倒

灌和人畜坠落到坑里，通常要在坑口四周砌筑低矮的挡墙，称作拦马墙。靠近坑口的周围地面（窑洞顶部）也需要经常碾压结实，防止植物生长、雨水渗漏，还要向外侧做成缓坡，以便于下雨时排泄雨水，从而对地坑院起到保护作用。地坑院按窑洞孔数分为八孔窑、十孔窑和十二孔窑；也有小到六孔窑，大到十四孔窑的，主要是根据居住人数、宅基地大小、经济能力等因素确定规模及孔洞数。一般以八至十二孔窑洞居多，分别设为主窑（长辈居住）、下主窑（客人居住）、侧窑、角窑、门洞窑、茅厕窑、牲口窑等。院落作为生活使用的空间，周边通道铺设地砖，院子中心植树、栽花、种菜，并且

地坑院上面的拦马墙

山西平陆地坑
院中的渗井

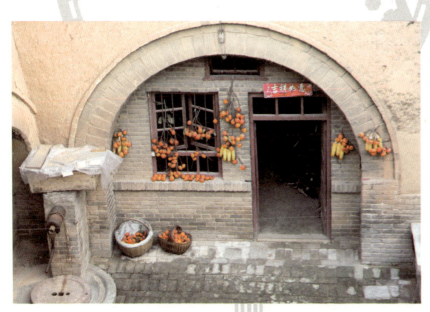

地坑院中的
水井

设有渗井，用于收集雨水和生活污水。在门洞窑中挖有水井，外部设有住宅大门和通往地面的坡道或台阶。地坑院可以说设施齐备，完全能满足日常起居的需要。

地坑院被建筑专家称为"刻入黄土地上的符号""地平线下的村庄"。进入村庄，人们只看见冒出地坑的树冠和袅袅炊烟，却看不到房屋和人影，形成了"见树不见村，进村不见房，车从房顶

过，闻声不见人"的奇特景观。民谣说："上山不见山，入村不见村，平地起炊烟，忽闻鸡犬声。"甘肃宁县早胜乡北街村的地坑院和河南三门峡西张村的地坑院是比较典型的下沉式窑洞。甘肃庆阳董志镇寺里田村马家自然村马兴奎地坑院已有1000多年的历史，院落坐东向西，正面有窑洞3孔，两侧各2孔，共计7孔。窑洞高2.6米，宽3米，洞深10米。设有客

地坑院

窑、厨窑、粮窑、畜圈窑、柴火窑等，院中还有渗坑和水井，不但功能齐全，而且形态完整，被称为古代窑洞的活化石。

砌筑式窑洞

砌筑式窑洞，也称箍窑、锢窑，与通常意义上的窑洞完全不同，这种类型的窑洞不是在黄土层上挖出来的，而是在平地上建造的。一般是用土坯和掺上麦草的黄泥浆砌成基墙，墙顶再砌筑拱券做成窑顶。窑顶上填土做成平屋顶，用麦草泥浆抹光，前后压短椽挑檐。经济条件好的人家还做成双坡面屋顶，上面盖上青瓦，远看像房，近看是窑。更讲究一些的箍窑完全用砖或石头砌筑，再在上面覆土。庆阳后官寨乡中心村的陈茂花家1982年修建了一个非常典型的土箍窑，高3米，宽3米，

|山西碛口的箍
窑民居|

进深约 13 米，两门四窗，屋顶铺瓦，至今保存完好。

箍窑多建在山脚下或坡度较缓的山坡上。有的地方利用下层窑洞的屋顶作为上层窑洞的前院，形成层层叠落的景象，一孔孔曲线型的窑洞与层层叠落的断崖形成了明暗对比和虚实对比，在广袤的黄土高原衬托下，显得既质朴无华，又雄浑厚重。

陕西米脂县的姜耀祖庄园是以箍窑为主的多种窑洞形式结合的窑洞院落，由上、中、下三排窑洞院落组成。外围筑有十八米高的城堡，东北角设有角楼，墙垣上设有碉堡，南侧为拱形的堡门和曲折的隧道。整个窑洞庄园占地四十余亩①，因借地

---

①亩，非法定计量单位，1 亩 = 666.67 平方米。

形变化，起伏跌宕，与自然环境融为一体，十分壮观。

姜氏庄园的庄主姜耀祖是陕北的大财主，这座窑洞大庄园是他投巨资历时十几年建成的。他召集了县内的能工巧匠，大到窑洞的整体砌筑，小到木、砖、石的雕刻，每项工作都是精益求精。庄园大门是开在高大的寨墙上的拱形石洞门，门额上刻着"大岳屏藩"四个大字。"岳"指的就是姜耀祖（姜耀祖又名姜海岳），"藩"

为姜耀祖的长子姜树藩（又名姜介屏），"大"表示主人能"福泽子孙，荫庇后人"。姜氏庄园是全国最大的城堡式窑洞庄园，被誉为中国"西部窑洞建筑的典范""有机结合的窑洞庄园"。

穿过大门，爬上高坡，来到前院的门口，门额上题写着"大夫第"三个字，彰显姜家祖上有人曾中过武举人。大门两侧有两个石鼓门墩，上面各雕刻着双狮捧面与麒麟负子图案，门楣上有

米脂县姜耀祖庄园融于自然环境中

| 雪后的姜耀祖
庄园 |

| 姜耀祖庄园 |

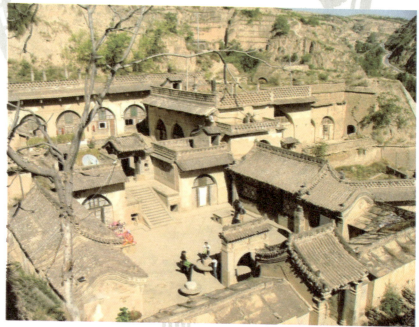

做成寿桃的门簪。门内是典型的窑洞四合院，正面和两侧各有三孔石头砌筑的窑洞，过去这里曾办过私塾，所以也叫书房院。在前院的侧面，还建有一个石拱窑式的井楼，高五米左右，井口上安置有手摇的辘轳，保证人们不出庄园大门也可以用到水。

中院是窑主人接待宾客和社交活动的场所，门额上挂着"武魁"大匾，显示姜家曾有人中武举的荣耀。大门两侧有石鼓门墩，上面有浮雕"福寿"图案。门内有一道青砖砌筑的月亮门影壁，称"旭日东升"，上面装饰着"文王访贤"的砖雕，寓意主人"怀才隐居""出将入相"。另外，还有"琴棋书画"图案，寓意书香门第，情趣高雅。院内中部是一排坐北朝南的石砌窑洞，正中是通往上院的台阶。院东西两侧各有三间厢房，另附带有小耳房，瓦筒卷棚，雕镂窗棂，既精巧又大方。厢房两侧各有通道，可直接与东西两侧的仓窑、磨坊和通往后山的地洞相连。每孔仓窑内有 12 个大石仓，每个石仓可存粮 50 余石①。倒

①石，非法定计量单位，1 石 =10 斗 =100 升。

座房是石板铺顶的马棚，马槽雕琢得非常精细，令人赞叹不已。

拾级而上至后院，也称上院，迎面是垂花门，匾额上依旧写着"武魁"。垂花

门是整座宅院的精华之处，雕花彩绘，门扇上镶有黄铜铺首，五路门钉依次排列，彰显高贵与威严。在门楼两侧设有神龛、护墙、照壁等，照壁上有精美的砖雕装饰，内容为鹿奔松林、鹤唳寿石、鹤昂首、鹿回头，鹿鹤一呼一应，寓意福寿延年。

上院是庄园的主宅院，布局为陕北地区最高等级的"明五暗四六厢窑"式窑洞院落。正面的五孔石窑洞顶部檐头上砌十字花墙，每孔窑内都有过洞相通，窑内设有火炕、暖阁、壁橱。在后院主窑前放有一个大石床，石床下方有一个环绕着的石槽，里面清水流淌，夏日里给院子带来清凉。在上院两侧对称设置了两个小院，院子的东西两端开启拱形小门

洞，西去通往厕所，东去直达书院。

山西临县的碛口镇，是位于黄河边上的古渡口，过去这里是山西与内蒙古水陆交通的中心点，因此成了商品的重要集散地，享有"水旱码头小都会，九曲黄河第一镇"的美誉。

货船到了碛口镇意味着水路贩运的结束和陆路运输的开始。高高耸立在碛口镇卧虎山上的黑龙庙，是商贩们祈祷平安的场所，望着飞檐翘角的庙宇，商人们长长地松一口气，因为这时终于可以脚踏实地，暂时告别那艰险的黄河水道。他们将货物卸下，提起行囊，跨进客栈，来上一盘油炸花生米，一壶当地的老黄酒，享受忙碌人生中的片刻闲逸。镇内现在还保留着许多明清时期以箍窑为主的建筑，有货栈、码头、庙宇、民居、票号、当铺等等。

据说在碛口镇内有李姓和陈姓两大家族，靠经商起家，因在碛口镇的生意兴隆，家族也日渐繁衍昌盛，逐渐形成了李家山和西湾村两个庞大的村落。

李家山村位于碛口镇南几千米外的大山深处。村里的建筑多为砖砌窑洞，并呈现为四合院布局。侧房、马棚多为一面坡和两面坡的坡屋顶。现在全村有大大小小的窑院百十来座，窑洞四百多孔（间）。村子中还有人至今住着最原始的"一炷香"式窑洞，即只有一孔孤立的窑洞，看似还过着原始的穴居生活。

清华大学教授、全国著名古建筑学家陈志华先生看了李家山窑洞古村落后说："祖先给你们留下这样宝贵

碛口镇箍窑街巷

的遗产，是无法用金钱估量的，是走遍全世界再也找不到的，是独有的一份。人们不看你们的高楼大厦，就是要看你们依山就势，风格殊异的窑洞式明柱厦檐高圪台"。"明柱厦檐高圪台"是当地人对箍窑形式住宅的形象称呼。

西湾村距离碛口镇一千米左右，依山临河而建，居住的都是陈姓后裔。整个村子由金、木、水、火、土五条街巷组成，代表着陈氏家族的五个支系。各个支系的人分别依这五条巷子聚居，既便于管理，又易于日后村落向外扩展。每条纵巷里的宅院都互相贯通，只要进入一座院落，就可以游遍全村，人称"村是一座院，院是一山村"。

碛口箍窑

山西碛口窑洞建筑

43

陕西杨家沟窑洞村落

这样的设计，不仅是为了解决村内的横向交通问题，也为了在遇到突发事件时，村民能够快速转移和进行集体防御。巷子的地面用石块铺砌，两侧有石护墙，整个村子如同一座壁垒森严的城堡，只在村子的南段建有三座寓意为天、地、人的大门。村里的房子几乎都是窑洞建筑，窑院内正面是明柱厦檐高圪台院。每个窑院都是顺着山坡修建的，下面院子的屋顶，就是上面窑院的院子，层层叠叠，像梯田一样，十分壮观。

挖个窑洞不简单

挖个窑洞不简单

窑洞看上去简单，相对于别的建筑来说造价也比较低，但挖个窑洞并不像想象的那么简单。整个工程施工涉及土工、泥工、瓦工、木工等工种，过去还有风水先生参与选址。建造完全由窑主自己来组织人员实施，工人全部是当地的民间工匠，不需要借助外来的工匠。所有材料（除少量使用的砖瓦外）和工具都依靠本地出产，被人们称为"没有建筑师的建筑"。

真正建造一个窑洞的工序是十分严格的，营造技艺也十分讲究。在营建过程中，技艺的传承方式也非常独特，有很高的科学价值和文化价值。

挖个窑洞需要大大小小的很多道工序。

首先是粗挖窑洞。粗挖就是先在垂直的黄土崖面上大概掏个洞，但是要比实际设计的尺寸每边略小10至20厘米，以备遇到特殊情况时能够修整。粗挖出了相当

47

于正房的上主窑后，要停工一段时间（至少一个月），再挖下一个窑洞，民间俗称"隔窑"。这样做一方面是为了散去土壤中的水分，另一方面也可腾出一定的时间让土壤内部的应力进行重新分配和调整，防止出现裂缝和坍塌。

窑洞内的高度应前高后低，一般落差15厘米左右，目的是利于排烟（烟由低处向高处走）。窑腿宽度（两个窑洞之间的距离，即窑壁，相当于支撑窑顶的腿）一般在1.5米至1.8米之间，太薄会影响窑壁的支撑强度。在地坑院中遇到转角的地方，转角窑的高宽和其他窑一样。整孔窑洞全部挖好需要一个月左右，一所地坑院的窑洞完全建成则需要一年以上的时间。

接下来是刷窑。窑洞毛坯成型后，通常要请有经验的土工，按照粗挖窑洞的顺序，用四爪耙精修各个窑洞的尺寸和刷剔表面，使窑洞尺寸精确、表面平实。有的窑洞上部崖壁比下部崖面退后约50厘米，使窑洞外的崖壁有一定的斜度（非垂直面），这样可以保证崖壁稳定。如果挖水井窑，在窑洞挖好后，马上就在窑壁上剔凿神龛，供奉土地爷，这样才吉利。

再接下来就是细活了，比如掏挖气孔和烟囱等等，主要有以下九个步骤。

一是掏挖气孔。刷窑完工后，在窑洞的后部，用一个木柄较长的铲子从窑洞内部向上掏挖一个直通崖顶的

直径 10 厘米左右的气孔，这样做既可改善窑内通风，又利于排除潮气。

二是掏挖烟囱。烟囱的位置一般在崖顶挡马墙正中的位置，往下直通到窑腿内。利用挡马墙作为上部的防水结构，既省料，又美观。

三是砌砖，包括砌筑窑脸、肩墙、檐口、挡马墙及散水。讲究的窑洞还要在窑口外侧砌上青砖拱券，像是人的脸面一样，显得干净漂亮。在两个窑口之间的窑腿表面也要砌上一米来高的青砖墙裙，起到保护窑腿的作用。在窑洞的洞顶位置用砖和瓦挑出屋檐，可以防止雨水直接冲刷窑面。挡马墙，顾名思义是砖砌的矮墙，起栏杆的作用，防止牲畜从上面掉到下面，也防止小孩子淘气滑落摔伤。散水是在墙根铺设的向外有一定坡度的

|烟道与气孔|

|砌筑好的窑洞
上部的檐口|

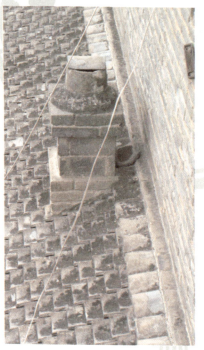

地砖，既可保护下面的黄土，同时又把雨水排到水沟里，进而流到渗井中。

四是清理窑顶地面的杂草，加固窑顶。同时修建窑顶的排水坡和排水沟。

五是安装窑口的门框、窗框，砌筑窑内的隔墙。

六是粉刷墙壁，是指在窑面上用白灰或麦秸泥涂抹一层，有保护窑面和装饰的作用。

七是处理地面，一般是用黄土或三合土夯实地面，然后铺砌地面青砖。

八是完成附属装修装饰工程，包括砌炕、砌灶，制作、安装门窗，安装门窗的五金构件。

最后是完成窑前院子的绿化，通常是在窑前的院子里种植树木或其他植物，美化环境。

按窑洞顶部（从外面看就是窑脸）起券的特点，窑洞可以分为尖券窑（又称为双圆心券）、圆券窑两种。其中河南三门峡地区以尖券窑为主，洛阳、晋南等地区以圆券窑为主。

如果是建造地坑院，工序和难度相对就更大了，技艺更加复杂，工程量也更大。营造地坑院的工序有严格的

尖券窑

51

圆券窑

定地坑院的规模后，要选择合适的地块作为地坑院用地。比如地势较高、容易排水的地方。有时需要用两倍面积的耕地换取想要的宅基地。根据地坑院的不同规模，每个地坑院所需占地面积约一到两亩，同时要符合整个村庄对宅基地及村庄发展规划的要求。

第三步是定向和放线。这一步比较复杂，先要请风水先生来确定准确的位置和主窑的朝向。这一点在农村很重要，因为大家都认为这关系到一个家庭的财运与人丁是否兴旺。接下来还要选择窑院的类型，整个过程很细致，需要细细地分解一下。

1. 根据地形地势来确定地坑院类型。按主窑所在方位，确定该地坑院在风水方

要求，流程中的每个环节，看似简单，实际上都凝结着劳动者的智慧。建造地坑院，工序上一般要分为六个步骤。

第一步是策划准备。首先由窑主提出营建要求，然后找村主任或族长进行商议，取得同村人的支持和认可。整个过程由窑主进行策划组织，筹备材料和资金，同时负责组织人力、安排工期等。

第二步是选地。窑主确

面属于东震宅、西兑宅、南离宅和北坎宅中的哪一种，确定以后就按照相应的规矩进行布局，同时对地形做一些局部的调整。

2. 用罗盘定朝向。风水先生手拿罗盘，根据地磁原理确定南北东西方向，为了和窑主的生辰八字相合，风水先生还要根据周围地势、道路、建筑等相互之间的关系提出一定的偏角建议（不用正南正北的朝向，稍稍有

用罗盘定方位

一些偏角），经过窑主同意后，确定窑洞或整个窑院的朝向。

3. 用方条盘定直角。使用罗盘确定好院子的中心位置后，再用绳子沿着中心拉出一条南北向的轴线，然后垂直于这条轴线再拉出一条东西向的轴线，形成十字形轴线。为了保证两条轴线垂直，工匠们使用当地家家户户都有的、吃饭时上菜用的木制方盘或方砖等有直角的物品来确定。

4. 用土尺测量数据。以两条轴线交叉点（即罗盘所在位置）为起点，用当地的土尺分别在四个方向上，沿着绳子，丈量出所营建地坑院的尺寸大小。

5. 用木桩定点。用斧子把预先准备好的木桩打入地

53

坑院四个方向上确定的点，明确、固定地坑院的长度和宽度。

6. 确定地坑院四角的角点。将东西南北四个方向上的木桩依次用线绳连接（但线绳不固定），接着用方盘拉扯其中两个木桩间的线绳向外移动，直到用方盘测得成为直角为止，该直角的顶点就是将来地坑院院子的折角点，钉上木桩加以确定。用这种方法依次测得院子其他三个角的位置。

7. 使用对角线法测量偏差，进行调整。地坑院四个角确定后，用线绳连接对角线，根据对角线长度相等的原理检查院子是否方正，如果不方正的话，就需要进行微调和校正。

8. 撒白灰线。用绳子依次连接地坑院四角的顶点，用铁锹铲着白灰，边走边用木棒持续敲打铁锹，沿绳子撒下白灰，完成画线工作。

施工放线

第四步正式开挖。先请风水先生选择一个吉利的日子，在这一天开始挖地坑。按一般的地坑院规模，需挖600到1000立方米黄土，工程量是非常大的，窑主家人可以自己干，也可找亲戚、邻居帮忙。具体过程要按照下面的安排来进行。

首先，窑主在动工前要进行祈祷仪式。先由风水先生选定吉时，吉时一般选在早晨天没亮的时候。窑主在窑基地上摆一条长凳，上面摆上瓜果点心等祭品，再点上三炷香，向主窑方向跪拜祈祷施工过程平安顺利。

祈祷仪式完成后还要举行动工仪式，先由窑主在窑基地的中心挖一锹土，表示破土动工了。接着在地坑院四角及中心分别各挖三锹土，表示工程正式启动。这样做既有敬天敬地之意，也以此观察和了解窑基地的土质分布情况及均匀程度。也有的窑主省去这道程序，按白灰线向内偏移30厘米左右直接开挖（留下30厘米左右用于以后修整）。

开挖的时候要根据放线及施工控制标志，先挖浅层土。浅层土指地面以下深度2米以内的黄土地层，这部分地层的黄土与地面高差小，土层也比较疏松，可以使用铁锹、镢头、镐等一般工具挖掘。采用上扬的方法直接送土，也可使用扁担、箩筐、板车等工具，采用人挑、车拉等办法清理地坑内挖出的黄土。最多的时候有几十人参加，4至5人一组，分组挖土和清运。

挖完浅层土后，再根据施工控制标志挖深层土。通常地坑院深度约6至8米，最大深度可达10米，每日挖出的土方量最大可达100立方米。根据人手情况，挖至窑院预定深度，大约需要10至30天。

挖至预计深度时，开始初步整理地面，保持整个地坑院地面的基本平整，并确定地坑院地面的坡度，以便排水。与此同时，在院子的

某个角落挖渗井，渗井一般设在厕所窑的前面，比院心地面低5厘米左右。渗井直径约1米，深度一般6米多，与地坑院深度大致相等，井底铺炉渣。挖好后，井口盖上磨盘或者石板，石板中间还需留个孔，供排水用。

第五步是挖入口坡道、门洞和水井，这些既是体力活，也是技术活。具体施工安排可以同时作业，也可以按先后顺序依次进行。如果是按顺序的话，通常是先挖入口坡道。首先在规划好的入口坡道、门洞口的地面上用白灰画线。然后在入口坡道的两端同时开挖，即一组人员在地面上由外向内挖坡道（明洞），一组人员从地坑院内部由内向外挖门洞（暗洞），双方在转角处汇合。

|挖坑与清运|

待入口坡道、门洞基本挖好后，顺着坡道一侧，按预定位置挖水井窑。水井窑很小，仅容纳一口井和提水的空间。水井窑和水井都挖好后，就可以安上辘轳提水了，施工人员就能够随时喝到清凉的地下水。

最后一个步骤就是挖院子四周的窑洞。不错，这才刚刚进入挖窑洞的环节，不然怎么说挖个窑洞不简单呢。挖地坑院中窑洞的具体工序和工艺与前面说到的挖一般窑洞的工序大体是相同的，只是工程量更加巨大，比如需要把挖出来的黄土运到地面上去。此外，更讲究挖窑洞的顺序，一般是先挖上主窑、下主窑，再依次挖左边上窑、右边上窑，接下来才挖上角窑、下角窑，最

后挖牲口窑、厕所窑等。

工程进行到这里，一个地坑院才算基本建成，当然后面还有许多装修和装饰工作，如安装门窗、铺装地面、栽花种树以及贴窗花等等。布置好的地坑院犹如一个大四合院，一大家子人和和睦睦地居住在一起，享受着农耕社会简朴安逸的生活。

窑洞的居住习俗与文化

| 窑洞的居住习俗与文化 |

窑洞是我国优秀的文化遗产，也是居住文明的源头。有了窑洞，人们摆脱了野兽的袭击和冬寒夏热的自然环境，住进了温暖舒适的家；有了窑洞，人们才开始定居，结束了漂泊不定的游猎和采集生活，发展了农业生产和居住文化。

在河南省的后关村，有一座8孔窑的地坑院，在它的上方西北角紧邻的空地上，屹立着一株传说种于西汉时期的"千年古槐"，树高约14米，截面周长达6米，树形奇特，挺拔苍劲，群众称其为"龙头凤尾"。这株在地坑院修建之初被村民作

为标识和庇护物的槐树，与受它庇护的地坑院一起被保

| 地坑院窑洞内景 |

| 院旁的大槐树 |

61

留到现在。

据说，在距这棵千年古槐树不远的地方就有新石器文化遗址和商周文化遗址，证明了人类很早就在这一带居住生活。这棵千年古槐树树干粗大，里面已经中空，说明它已经非常古老了。如今它仍然顽强地活着，象征着这方土地上的人们不断繁衍，生生不息。古槐和与它相伴的古老地坑院的存在，反过来也印证了古老文献中有关地坑院记载的真实性，同时还说明后关村地坑院的存在时间较早，其历史至少可以推至千年以前。

在地坑院旁边种植槐树是古老的习俗。千百年来，这里的百姓居住在地坑院里，劳作在蓝天厚土之间，大槐树就是引领他们辨识黄土之

| 地坑院内的大树 |

下的家园的路标。当地老百姓在窑院入口斜坡旁的平地上栽槐树，称作"千年松柏，万年古槐"，寓意家庭幸福，安康长久。高大的树木也能够为入口遮风挡雨，人们闲时在树下纳凉、歇息、聊天，是非常惬意的事。

千百年来，生活在黄土地带的人们以窑洞为家。窑洞代表着富有，也代表了农耕文明。

通过细致地考察黄土地上的窑洞，可以得到这样几点认识。

第一，窑洞最大限度地利用自然，适应自然，与自然和谐相处。窑洞建筑及其营造技艺体现着因地制宜、顺应自然、经济实用、朴实含蓄的建筑理念。我们的先辈面对这特殊的环境条件（深厚、易于挖掘、含水率不高的黄土塬），利用简单易行的修建技术，创造出冬暖夏凉、防风避沙、宁静安全的住所和人工微环境，经营着一个个休养生息、繁衍后代的家园。

具体来说，窑洞构造简单，修建省工省料，造价低廉，既不需要很多砖瓦和木料，也不需要耗费很多资源和资金，所以它是最节约的生态建筑。当地农民只要有一把力气，再加上乡里乡亲

窑洞中的颜色

的帮助，家家都可以修窑洞，建设起自己舒适的农家小院。同时，它节省土地，保护环境。靠崖窑一般都在塬边、沟边、山崖脚等地方修建，不占用地表土地。地坑院虽占用少量土地，但一个地坑院犹如一座地下小城，四面都可以挖窑洞，一院多用，使用价值极高。窑洞寿命比房屋长，年代越久基质越坚固，寿命越长。现存有数百年甚至上千年的窑洞，有的窑洞连续居住了十多代人，代代相传。

第二，居住窑洞促进家庭团结、和睦相处以及传承中华优秀的传统。窑洞建筑的选址遵循了中国的阴阳五行学说，建筑布局体现了中国传统的伦理道德思想，它的建筑理念强化了家庭整体意识，创造了团结和谐、守望相助的居家方式。与一般传统村落中呈现的文化特点相似，地坑院的村落布局同样反映着传统社会尊卑长幼的伦理秩序。一般从村里地势较高的地方开始，按传统宗法制度规定，地坑院窑洞的安排要依照尊卑长幼，依次向地势较低的地方排列，定出各家地坑院的位置。院落之间的路网被称为"大路沟"，同时承担着村庄排水的功能。

在地坑院营造过程中，朝向和方位的选择深受传统风水理论的影响，一般按照八卦要求来布局。具体做法是按照罗盘中围绕阴阳鱼的八个方位，选取正南、正北、正东、正西四个方位，来决定窑院的形制和类型。窑洞营造按照中国传统家庭的伦理规则和风水理论来进行布局定位，这种做法是将窑洞的空间物理特征与人的生理、伦理属性相互结合起来，强调人要和自然相互依存，生活才能安定。

我们以地坑院中的西离宅类型为例，来看看实际上地坑院究竟是怎样布置的。院内的上主窑地位是最高的，不仅其顶上的拦马墙比其余三面的高大，而且窑洞的高和宽也比第二等级的次主窑要多出 30 厘米左右，深度也更深。这是长辈或尊

地坑院的入口通道

者居住的地方，让他们居住在宽敞明亮的环境中，享受和煦、温暖的阳光，体现了中华民族的传统美德。上主窑左右两侧的上下角窑，分别为厨房和仓库。上北窑、下北窑、上南窑是家中青壮年居住的地方。下南窑一般为牲口窑，在传统的农业社会里，牛马驴骡是重要的生产工具，在生产活动中扮演着重要角色，因此基本上享有和家庭成员一样的待遇。下主窑也是家庭主要成员的住所。厕所窑一般设于最下位。在缺水的黄土高原，水资源是最可贵的，水井窑一般都设在内通道的上位，井深达数十米，井口上面要加井盖，以保持清洁。也许是人们相信深井可以连通天地，所以在水井上方的窑壁上，一般都凿有神龛，里面供奉土地爷等神灵，用来祈求保佑全家安康，这也增加了水井窑的神圣之感。

第三，窑洞启发人们保护环境，热爱生活，坚守质朴的人生理想。千百年来，黄土地上的农民，祖祖辈辈都生活在窑洞里，他们不但擅长建造窑洞，还将这种营造技艺一代一代传承下来，构成了当地富有特色的生活习俗和建筑传统，也成了我们国家重要的非物质文化遗产之一。

在窑洞的建造过程中，工匠们发挥了自己的聪明才智，许多工艺和做法都非常科学，有的则非常具有艺术性。以窑洞的门窗制作安装来说，上主窑一般设置一门三窗，其他窑洞为一门两窗。

讲究的窑洞门有两层，外侧为风门，可通风采光，也可遮蔽风沙；内侧为实木门（当地称作老门），起防护作用。门窗涂刷棕色或黑色油漆，有时点缀上一些其他色彩和装饰部件，工艺十分精细。

在窑洞内靠近门窗的地方，通常设置火炕。火炕以青砖或土坯砌筑，利用灶火余热取暖，冬天的时候非常暖和。火炕的尺寸按传统方法一般取四尺①七寸②宽，七尺七寸长，"七"与"妻"谐音，寓意人丁兴旺。火炕所在的位置也是窑内通风、采光最好的地方，睡在上面有利于身体健康。常常在炕对面布置方桌、条几和一对

座椅，成为窑洞内生活使用最频繁的区域。在火炕朝向窑内的一侧砌筑炉灶，并使排烟的火道与烟道相连。再

神龛

窑洞门窗上的装饰

①尺，非法定计量单位，1 尺 = 0.3333 米。
②寸，非法定计量单位，1 寸 = 3.3333 厘米。

院内种植经济价值较高、同时具有观赏性的落叶乔木，如桃树、李树、桐树等，而忌讳栽种冬季遮挡宝贵阳光的杨树、柏树和柳树等，特别是杨树，在风吹过时树叶会噼啪乱响，当地人称之为"鬼拍手"，被视为不吉利的象征。

|门窗的色彩|

往里面布置案板、水缸、瓦缸等厨房用具及桌椅、洗脸盆、木床、柜子、木箱等生活用具。在上主窑内的尽头（称为窑底），安放祖宗牌位，逢年过节或祭日，要在此进行祭祖活动。在窑底的拱顶上，通常设通气孔通到地面，以保持空气清新。

地坑院的院中央是天然的黄土地面，除了利于雨水渗透外，还为植物的生长提供了条件，当地百姓喜欢在

在窑洞村庄中，窑洞集中连成片，形成独特的村落景观和人文生态。庆阳全市

|窑洞人家的劳作工具|

各县乡镇都有窑洞村落分布，各个窑洞院落都互相靠近，村连村，户连户，星罗棋布，构成了独特的窑洞民俗社会。

一座地坑院最多占地两亩半，最少的占地一亩。平常休息的时候，一家一院过自己安静的生活。遇上节庆、祭祀等公共活动，村民们就到村上的寺庙、祠堂等公共场所参加集体活动，现在则有新修建的村委会、操场、学校等，可以进行文化活动和社火表演。

我们今天提倡环保、节能、绿色、低碳的生活方式，窑洞民居建筑就是绿色建筑的典型范例。研究窑洞建筑理念，借鉴其建造技艺，对发展新型建筑技术、创造适宜人居住的建筑新形式、保护我们珍贵的资源和环境、实现人与自然和谐相处，都

｜新修整的地坑院｜

山西李家湾村
的民俗活动

具有重大意义。据调查发现，世界上除非洲北部有少量类似窑洞和地坑院的穴居建筑外，只有中国存留大量的窑洞民居，其建造技艺流传至今，是人类原始建筑和古老建筑的活化石。在中国建筑史上，窑洞民居及其营建技艺也是一种十分独特的、原生的建筑和技术类型，具有很高的学术研究价值。

窑洞和地坑院村落是极富特色的乡土建筑和文化景观，保护好这份珍贵遗产不但对文化传承具有重要意义，也对地方乡村建设和发展乡村特色旅游具有积极的作用。

图书在版编目（ＣＩＰ）数据

挖个窑洞不简单 / 严桦编著 ; 刘托本辑主编. --
哈尔滨 : 黑龙江少年儿童出版社, 2020.2（2021.8 重印）
（记住乡愁：留给孩子们的中国民俗文化 / 刘魁立
主编. 第八辑, 传统营造辑）
ISBN 978-7-5319-6472-8

Ⅰ. ①挖… Ⅱ. ①严… ②刘… Ⅲ. ①窑洞－民居－
建筑艺术－中国－青少年读物 Ⅳ. ①TU241.5-49

中国版本图书馆CIP数据核字(2019)第293962号

记住乡愁——留给孩子们的中国民俗文化　　　　　　　　　刘魁立◎主编

第八辑 传统营造辑　　　　　　　　　　　　　　　　　　　刘　托◎本辑主编

挖个窑洞不简单 WAGE YAODONG BUJIANDAN　　　　　　严　桦◎编著

出 版 人： 商　亮
项目策划： 张立新　刘伟波
项目统筹： 华　汉
责任编辑： 李欣伟
整体设计： 文思天纵
责任印制： 李　妍　王　刚
出版发行： 黑龙江少年儿童出版社
　　　　　　（黑龙江省哈尔滨市南岗区宣庆小区8号楼 150090）
网　　址： www.lsbook.com.cn
经　　销： 全国新华书店
印　　装： 北京一鑫印务有限责任公司
开　　本： 787 mm×1092 mm　1/16
印　　张： 5
字　　数： 50千
书　　号： ISBN 978-7-5319-6472-8
版　　次： 2020年2月第1版
印　　次： 2021年8月第2次印刷
定　　价： 35.00元